AF453966

HISTOIRE NATURELLE

DES

PAPILLONS.

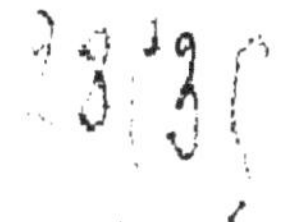

HISTOIRE NATURELLE

DES

PAPILLONS,

SUIVIE

DE LA MANIÈRE DE S'EN EMPARER, ET DE LES CONSERVER EN COLLECTIONS, AINSI QUE LES CHENILLES ET CELLES DES VERS A SOIE.

PAR M. O. F. CONSTANT.

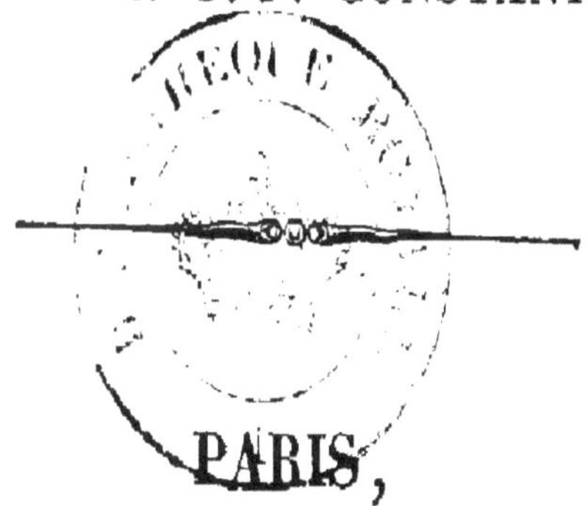

PARIS,

CHARLES D., ÉDITEUR, RUE CHRISTINE, 8.

1840.

AVANT PROPOS.

Dans un de nos précédents Manuels, nous annoncions comme devant paraître prochainement, une Histoire naturelle des *Papillons*, contenant la manière de s'en emparer et de les conserver en collections. C'est cette promesse que nous nous efforçons de remplir aujourd'hui. Aucun sacrifice de temps ne nous a coûté pour donner à cet opuscule toute l'exactitude, dont il pouvait être susceptible. Nous nous sommes livrés aux plus munitieuses investigations; nous avons consulté tous les ouvrages principaux qui traitent de cette matière; nous leur avons emprunté ce qui nous a paru indispensable; nous nous sommes abstenus de reproduire ce qui ne nous a pas paru d'une utilité pratique. Cette brochure est donc le résumé d'ouvrages très-volumineux, souvent

très prolixes, et dont la lecture entraînerait
une longue perte de tems, sans parler des
frais excessifs qu'occasionnerait leur achat.
Nous croyons pouvoir dire, sans vanité, que
ce petit recueil peut jusqu'à un certain point
en tenir lieu. Nous nous sommes bornés à donner la description des Papillons les plus re-
marquables, mais il sera toujours facile de
classer les Papillons, que nous aurions pas-
sés sous silence, en se reportant à la description des caractères généraux qui distinguent
chaque famille des lépidoptères. Pour rendre
nos explications plus faciles à saisir, nous
avons joint au texte des planches lithogra-
phiées, dont l'exécution ne laisse rien à dési-
rer. Enfin, nous avons fait tous nos efforts
pour que l'exécution matérielle réponde à la
confiance des amateurs, qui depuis long-tems
nous engageaient à réaliser cette publication.

HISTOIRE NATURELLE

DES

PAPILLONS.

Chacun des êtres qui peuplent l'univers, porte un cachet particulier : l'un a reçu la force ou l'intelligence, l'autre l'agilité ou l'adresse ; au papillon a été départie la beauté. La nature semble avoir épuisé ses dons pour embellir cet insecte : la vivacité, la surprenante variété de ses couleurs, la richesse de sa parure, l'élégance de ses formes, sa légèreté, son air animé, sa course vagabonde et volage, tout en lui charme et séduit.

Les lépidoptères vulgairement nommés papillons, ont six pieds, quatre ailes membraneuses, couvertes de petites écailles colorées, semblables à une poussière, une pièce cornée en forme d'épaulette, rejetée en arrière, insérée en avant de chaque aile supérieur, les mâchoires remplacées par deux filets tubulaires, réunis et composant une espèce de langue roulée en spirale sur elle-même.

Lorsque l'on considère le papillon, quatre de ses parties paraissent mériter entr'autres une attention toute particulière : les ailes, les antennes, la trompe et les yeux.

Les ailes qui comme nous l'avons dit, sont toujours au nombre de quatre, lui constituent un genre particulier parmi les insectes ailés, en ce qu'elles sont couvertes d'une espèce de poussière farineuse, qui s'attache facilement aux doigts qui les touchent; cette prétendue poussière considérée au microscope, est un assemblage très régulier et organisé de petites écailles colorées, taillées sur différents modèles, couchées et implantées sur une gaze solide et à rainures, quoique extrêmement légère. C'est la dureté et le poli de ces petites écailles qui les rend si brillantes, le dessus et le dessous des ailes en sont également couverts. Avec de grandes ailes légères, la plupart des papillons volent de mauvaise grace, ils vont toujours par zig-zags, de haut en bas, de bas en haut, de gauche à droite, de droite à gauche, effet qui dépend de ce que leurs ailes ne frappent l'air que l'une après l'autre, et peut-être avec des forces alternativement inégales. Ce vol leur est très avantageux, par ce qu'il leur fait éviter les oiseaux qui les poursuivent; car, comme le vol des oiseaux est en ligne droite, celui du papillon est continuellement hors de cette ligne.

Telle est la structure la plus ordinaire des ailes des papillons; mais il y en a d'autres espèces que l'on a nommés *papillons à ailes d'oiseaux*, parce qu'effectivement leurs ailes paraissent disposées comme celles des oiseaux, ces ailes sont cependant recouvertes d'écailles taillées de manière à les faire ressembler à des plumes. Une autre espèce porte des ailes vitrées, ainsi nommées, parce que n'étant pas entièrement couvertes d'écailles, les parties qui en sont dégarnies paraissent autant de vitres : enfin, la troisième espèce sont les ailes d'un petit papillon provenant d'une teigne, qui vit dans l'épaisseur des feuilles d'orme et de pommier; ces ailes présentent au microscope tout ce qu'on peut imaginer de plus riche en or, en argent, en azur et en nacre. (de Bom.)

Les papillons portent comme la plupart des insectes des antennes sur la tête ou appendices articulés, mobiles et filiformes, qui paraissent être chez eux, les organes du toucher, et servent suivant leurs différentes formes à caractériser les classes dans lesquelles on les a rangées.

Le véritable instant de distinguer la structure de la trompe des papillons qui en sont pourvus, c'est lorsque le papillon ne fait que quitter sa chrysalide : sa trompe est encore étendue sur l'estomac, elle se dégage, elle se roule en spirale ; mais dans le premier instant les deux parties ne se dégagent pas toujours ensemble, et l'on aperçoit deux lames creusées en gouttière, qui forment par leur réunion la trompe du papillon ; c'est l'organe qui seul fait les fontions de la bouche et du nez.

Les yeux du papillon sont d'une structure admirable. Ils sont semi-sphériques et taillés à facettes comme un diamant, avec une précision dont l'art du lapidaire ne donne qu'une bien grossière idée ; ce sont ces facettes que l'on pense être destinées à suppléer à l'immoblité des yeux.

Les papillons, dit M. Audoin, sont parmi les insectes, ce que les oiseaux-mouches et les colibris sont parmi les oiseaux. Avant de briller entre les plus gracieuses créatures de l'air, les papillons passent au sortir de l'œuf par des états fort différents, et par un contraste assez étrange, ils causent sous la première forme autant d'horreur qu'ils inspirent d'intérêt sous la dernière. Leur larves sont **des** *chenilles;* elles ont seize pattes, le corps **partagé** en douze anneaux, la tête enveloppée **dans** une sorte de casque de corne, et formée de deux gros yeux et de puissantes mandibules, avec des mâchoires propres à couper et à broyer; mâchoires qui doivent s'oblitérer pour faciliter la succion dans l'état parfait : ces larves se nourrissent pour la plupart de feuilles et de fruits.

Après avoir changé plusieurs fois de peau, les chenilles se préparent à passer à la forme aérienne par un sommeil léthargique, **sous** une forme intermédiaire. Pour ne pas demeurer, durant ce long repos, exposées sans défense à leurs ennemis, elles recherchent quelque abri, où plusieurs se suspendent, sans enveloppe par leur extrémité postérieure, en s'attachant par le milieu du corps, au moyen d'une ceinture de soie; d'autres se filent des coques soyeuses, souvent environnées d'enduit impénétrable. Alors se dépouillant d'une dernière peau, qui était ce qui lui restait de la chenille, apparaît la *chrysalide* ou *nymphe*, vulgairement appelée *Fève*, sans pattes apparentes, immobile et comme insensible.

Le papillon, selon son espèce, demeure plus ou moins de tems dans cet état d'engourdissement, où se prépare un changement total, dont on peut déjà distinguer les formes rudimentaires, à travers l'enveloppe assez dure, qui revêt la chrysalide; il en sort enfin, en brisant cette enveloppe et après avoir seché ses ailes en les étendant, on le voit s'élancer dans les airs, mû par un nouvel instinct qui résulte de nouveaux besoins. Voici comment M. de Bomare décrit cette nouvelle phase de l'existence du papillon : Le nouveau papillon, sentant qu'il a acquis assez de force pour rompre ses fers, fait un puissant effort qui lui ouvre une seconde fois les portes de la vie ou plutôt de la lumière qu'il va voir avec de nouveaux yeux. Tous ses organes deviennent plus sensibles et plus parfait ; ses ailes qui d'abord ne paraissent pas ou sont si petites, qu'on les prendrait volontiers pour celles d'un papillon manqué, sont encore couverts de l'humidité du berceau etc., mais ausssitôt qu'elles sont à l'air et libres, les liqueurs qui circulent dans leurs canaux, s'élançant avec rapidité, les forcent à s'étendre et à se développer. Pour accélérer et donner plus de force à ce développement, le papillon nouvellement éclos et impatient de voler, les agite de tems en tems et les fait frémir avec vitesse, en même tems tous ceux qui ont une trompe, (car tous n'en ont pas), qui était étendue et allongée sous le fourreau de la chrysalide, la retirent et la roulent en spirale pour la loger dans le réduit qui lui est préparé. Si quelque cause soit intérieure soit extérieure s'oppose à l'extension des ailes dans le tems qu'elles sont encore aussi flexibles

que des membranes, la sécheresse qui les sur-
prend dans cette état, arrête la suite du développement, les ailes restent contrefaites, inca-
pables de lui servir, et le pauvre animal se voit
condamné à périr, faute de pouvoir aller chercher sa nourriture. » C'est seulement alors,
que la métamorphose est accomplie, et qu'il
s'élance dans l'espace, que se fait sentir pour le
papillon le besoin de la reproduction et qu'un
sexe y cherche l'autre. L'éducation des vers à
soie qui sont des papillons, peut être proposée,
pour exemple dans l'observation des métamorphoses de toute la classe.

Le nombre des papillons connus est aujour-
d'hui immense. On recherche beaucoup ces
brillants insectes dans les collections, où l'on
doit avoir soin de ne les pas tenir exposés à
une trop vive lumière, parceque leur couleurs
s'y affoiblissent ou même disparaissent. Pour
les ranger méthodiquement, on les a divisés en
trois grandes familles, qui, dans les ouvrage de

Linné furent simplement les trois genres : Pa
pillio, Sphinx et Bombix. Ces trois genres élevés
au rang de familles, sont aujourd'hui appelés des
Diurnes, des Crépusculaires et des Nocturnes,
désignations qui indiquent à quelles heures
voltigent de préférence les espèces qu'on range
dans chacune d'elles.

FAMILLE PREMIÈRE.

—

Les Diurnes.

Les Diurnes, ainsi appelés parce qu'ils volent de jour, se distinguent encore par leurs antennes à *masse* ou à *bouton* et en *forme de massue* ou en forme de *corne de bélier*. Leurs chenilles ont seize pattes et leurs chrysalides sont rarement enveloppées dans une coque. Le plus ordinairement elles sont nues, anguleuses et suspendues par l'extrémité postérieure. Ces espéces sont extrêmement nombreuses, on les reconnaît aisément à leurs aigrettes globuleuses et à leurs ailes qui demeurent élégamment relevées pendant le repos.

Rien n'égale la magnificence et la splendeur ravissante qu'étalent à nos regards certains papillons des Indes et des pays chauds : ni les oiseaux les plus somptueux, ni les fleurs les plus éclatantes, ni les coquillages enrichis d'or et de nacre, ne peuvent en approcher. Mille teintes se jouent sur leurs ailes avec des reflets inimitables et une profusion inouie, qu'on ne se lasse point d'admirer. On en forme des cadres charmants, qui ornent les salons à l'égal des plus belles peintures. Quelques chenilles aussi, malgré le dédain qu'on leur témoigne présentent des nuances vives et variées. Mais sous son opulente parure, le papillon n'a qu'une existence éphémère, comme le plaisir folâtre dont il est l'image, il brille un instant devant nos yeux et nous échappe pour toujours.

GENRE PAPILLON.

—

LE PAPILLON MACHAON. (*Pl.* I, *fig.* 1.)

Le Machaon, l'un des plus grands lépidoptères que nous ayons en France, est d'ordinaire, d'un jaune souffre très-brillant; ses antennes sont noires, revêtues d'une poussière
jaune, ses ailes supérieures sont à l'extrémité
du bord extérieur traversées par deux bandes
noires, que séparent huit taches jaunes. Celle
qui est en dedans a un de ses bords ondulé,
trois taches noires d'inégale grandeur, coupent
leur bord supérieur, enfin elles ont à leur
naissance une grande tache noire, semée de
poussière jaune et terminée au tiers environ
de l'aile, par une petite bande tout-à-fait noire.
Les ailes inférieures sont moins bariolées de
taches : le jaune y domine. Son bord extérieur
est terminé par une bande noire, fond bleu,

piquetée de six taches jaunes. On remarque
deux taches rouges à l'extrémité de chacune
des ailes, dont la partie extérieure présente sept
pointes, dont l'une fort alongée, et dont les
intervalles sont très échancrés. La femelle est
en tout semblable au mâle, sauf la grosseur;
elle est plus petite.

Ce papillon, qu'on trouve dans les champs
de luzerne, les bois et les jardins, paraît depuis
le commencement du mois de mai, jusqu'à la
mi-juin, et ensuite depuis la fin de juillet jusqu'en septembre.

(*Pl.* 1, *fig.* 2.) La chenille de ce beau papillon
se trouve sur la carotte, le fenouil et l'aneth; on
la reconnaît facilement ainsi que celle du papillon flambé aux deux cornes molles, d'un rouge
orangé, ayant la forme d'un Y, placées entre la
tête et le premier anneau du corps. Quoiqu'elle
offre beaucoup de variété quant à la couleur,
elle a toujours un caractère distinctif : chaque

anneau est marqué transversalement d'une bande noire qui est toujours chargée de taches rondes, d'un fauve plus ou moins prononcé ; (*Pl.* 1. *fig.* 3.) sa chrysalide est nue comme toutes celles de cette classe, et suspendue horizontalement par un lien qu'elle s'attache vers le quatrième et le cinquième anneau.

LE PAPILLON FLAMBÉ. (*Pl.* 1. *fig.* 4.)

Ce papillon l'un des plus beaux de son genre, a le dessus des ailes sillonné de bandes noires, en forme de flammes, d'où lui vient sans doute la dénomination de *flambé*.

Les antennes sont noires. Le corps est d'un jaune pâle traversé en long, d'une bande noire, et piqueté sur les deux côtés de petites taches noires, symétriquement rangées. Les ailes supérieures sont terminées à leur extremité, par

un liseré noir ; les ailes inférieures **sont for-**
tement échancrées et présentent six **pointes**,
dont la quatrième est très-alongée.

Ce papillon paraît ponr la première fois à la
fin d'avril et dans le courant de mai; et pour
la seconde en juillet et août.

GENRE PIÉRIDE.

—

PIÉRIDE DU CHOU. (*Pl.* 2. *fig.* 1.)

Le corps de ce papillon est noir, ses ailes jaunes sont à leur sommet, bordées d'une bande noire, qui va toujours en se rétrécissant. La femelle ne se distingue du mâle, que par trois taches noires, dont deux placées, l'une au-dessus de l'autre, sont presque circulaires; la troisième en forme de raie longitudinale, occupe le milieu du bord interne, cette espéce est très-commune et se montre depuis le commencement du printems, jusqu'à la fin de l'automne. (*Pl.* 2. *fig.* 2.) Sa chenille est bleuâtre, et a tout le long du dos, une rangée de poils qui prennent naissance au milieu de points tuberculeux, qui sont placés dans l'espace que forment trois raies longitudinales, de couleur jaune qui s'étendent sur le dos.

PIÉRIDE GAZÉE. (*Pl.* 2. *fig.* 3.)

Les ailes de ce papillon sont très arrondies et d'un blanc verdâtre, dont l'uniformité n'est interrompue que par des nervures noirâtres.

On les voit voltiger en grand nombre dans les prairies et les jardins pendant tout le printems et en été

PIÉRIDE AURORE. (*Pl.* 2. *fig.* 4.)

Le dessus des ailes est moitié blanc, moitié aurore vers le sommet, qui est bordé de noir avec le bord antérieur mêlé de blanc. Le dessous des ailes inférieures est marbré de vert; ces marbrures ressortent en-dessus. Les femelles n'ont point de tache aurore, et le sommet de leurs premières ailes est un peu plus marqué de noir. Cette piéride aime les bois, et ne se montre qu'une fois l'année, depuis la fin d'avril jusqu'à lami-mai.

PIÉRIDE AURORE DE PROVENCE. (*Pl.* 2. *fig.* 5.

Ce papillon ressemble au précédent sauf que le jaune est substitué au blanc; les antennes sont blanches, sauf l'extremité de la massue qui est d'un jaune noisette, le corps est de la même couleur que les ailes. Cette piéride se montre vers la fin d'avril et dans le courant du mois d'août; elle fréquente trés communément les garigues de nos départemens du midi.

GENRE COLIADE

—

COLIADE CITRON. (*Pl. 3. fig. 1.*)

Les antennes de ce papillon sont rougeâtres ; son corps est jaune ou d'un blanc qui tire sur le vert ; le dos est d'un noir douteux, le corcelet et la base de l'abdomen sont garnis de poils soyeux argentés. Les ailes sont d'un beau jaune citron. On remarque vers le milieu des ailes inférieures deux petits points d'un rouge clair, de forme sphérique.

Cette espèce qui est très commune paraît depuis le commencement du printems, jusqu'à la fin de l'automne.

COLIADE SOUCI. (*Pl.* 3. *fig.* 2.)

Ce papillon a le dessus des ailes d'un jaune souci éclatant. Les supérieures sont tachetées vers le milieu de leur bord d'en-haut, d'un gros point noir foncé ; il existe à l'extrémité des unes et des autres une large bande noire, continue dans le mâle, divisée dans la femelle par des taches jaunes. Le corps est jaune, la tête ferrugineuse et le dos noirâtre.

Cette espèce n'est pas rare ; on la voit pour la première fois en mars et pour la seconde en juillet.

GENRE POLYOMMATE.

—

POLYOMMATE MÉLÉAGRE. (*Pl.* 3. *fig.* 3.)

Ce papillon est d'un bleu argenté, l'extrémité des ailes est dentelée, bordée d'un liseré
noir, et garnie d'une frange blanche. Le dessous est brun gris blanc, sur lequel sont symétriquement rangés en ligne courbe de petits
points noirs, derrière lesquels sont deux raies
de lunules obscures, dont les extérieures sont
moins apparentes. Chez la femelle les ailes sont
d'un blanc argenté, avec le pourtour legère-
ment noirâtre et la frange d'un blanc sale. Ce
papillon se trouve au mois de juillet dans les
alpes.

POLYOMMATE DU BOULEAU. (*Pl. 3. fig. 4.*)

Ce papillon, qu'on rencontre depuis la fin de juillet, jusqu'à la mi-septembre, à travers les bois et le long des haies, a les ailes supérieures et inférieures, d'un brun foncé qui tire sur le noir, le milieu des inférieures est fauve. La femelle se distingue du mâle par quelques signes particuliers; ainsi on remarque une bande fauve à l'extrémité des ailes supérieures, qui en dessous sont d'un fauve jaunâtre, avec une ligne noirâtre, bordée de blanc; deux autres lignes blanches partent de la côte et tendent à se réunir à leur extrémité inférieure, les ailes inférieures ressemblent quant à la couleur, aux supérieures, seulement elles sont traversées de deux lignes blanches, et sont bordées d'une bande d'un roux très prononcé.

POLYOMMATE DU PRUNIER. (*Pl.* 3. *fig.* 5.)

Cette espèce, qui a beaucoup de ressemblance avec la précédente, est aussi d'un brun
noirâtre ; seulement les secondes ailes du mâle,
et les quatre ailes de la femelle, ont à leur extrémité une rangée de taches fauves. Le dessous
des ailes est d'une couleur moins foncée, et
a une frange fauve, offrant à son côté interne, une série de points noirs, qui eux-
mêmes sont intérieurement bordés de blanc.

Ce papillon fréquente les bois.

POLYOMMATE DE L'ACACIA. (*Pl.* 4. *fig.* 1)

Le corps de ce lépidoptère est brun, celui
de la femelle se termine par une houppe de
poils très-noirs, ses ailes sont d'un brun foncé
très-brillant ; les ailes inférieures sont à leur
extrémité, marquées de taches fauves, au
nombre de deux chez le mâle, de quatre chez
la femelle ; il se montre en juin.

POLYOMMATE BALLUS. (*Pl.* 4. *fig.* 2)

Les deux sexes de ce papillon diffèrent essentiellement, les ailes du mâle sont d'un brun qui tire sur le noir, et ont une frange presque grise. Il a deux petites taches fauves près de l'angle anal, tandis que les ailes de la femelle sont d'un jaune orange éclatant, et les inférieures marquées d'une bande de la même couleur à leur sommet.

Cette espèce, qui se trouve en Espagne et en Portugal, se rencontre aussi aux environs d'Hières, il paraît dès les premiers jours de mars.

POLYOMMATE CHRYSÉIS. (*Pl.* 4. *fig.* 3.)

Ce papillon a la surface des ailes d'un fauve ponceau vif, avec le pourtour noirâtre. On remarque au milieu de chaque aile, deux points noirs. La femelle diffère du mâle, en ce que les ailes supérieures, sont d'un fauve prononcé avec les bords et les pointes noirâtres : les secondes ailes sont presque noires en-dessus, elles ont une ligne fauve. On a rencontré ce papillon aux environs de Paris, dans le courant de juin et pendant le mois d'août.

POLYOMMATE DE LA VERGE D'OR. (*Pl.* 4. *fig* 4.)

Cette espèce est d'un fauve ponceau, la femelle a le dessus des quatre ailes fauve et piqueté de noir. Les deux sexes sont d'un fauve clair et tirant en-dessus sur le jaune; avec des points noirs, derrière lesquels les ailes inférieures sont traversées d'une rangée de taches blanches. Ce papillon paraît au printems et vers le milieu de l'été.

GENRE NYMPHALE.

—

NYMPHALE JASIUS. (*Pl.* 5, *fig.* 1.)

Ce papillon d'une beauté remarquable est presqu'aussi grand que le Machaon , ses ailes sont d'un brun chatoyant excepté à leur extrémité, qui est bordée d'une frange fauve , dentelée et finement liserée de noir. Les ailes inférieures sont très-échancrées, et se terminent en pointes d'un effet très-pittoresque. La base des quatre ailes est en-dessous de couleur ferrugineuse ; on y remarque des taches brunes, d'un dessin très-bizarre, et encadrées de blanc. Les paysans des rives du Bosphore, lui ont donné le nom de pacha à deux queues ; il donne deux fois par an , en juin et en septembre, On le trouve dans presque tout le bassin de la méditérranée.

NYMPHALE GRAND MARS CHANGEANT. (*Pl.* 5, *fig.* 2.)

Cette espèce est sans contredit, l'une des plus belle qu'on trouve en Europe. A l'élégance des formes, il joint la vivacité et la variété des couleurs. Le fond des ailes est d'un brun sombre, mais ce brun soumis à certains reflets de la lumière, devient tout à coup très-brillant, et prend diverses teintes, tantôt tirant sur le bleu, tantôt sur le violet. Les ailes supérieures sont semées de taches blanches, de grandeurs inégales, superposées à distances différentes. Au centre des ailes inférieures, il existe une bande blanche transversale, qu'entrecoupent des nervures et près de l'angle du bas on remarque un œil noir environné d'un cercle aurore. On aperçoit sous ses ailes inférieures une grande tache aurore marquée d'un œil noir à prunelle violette : des taches blanches et noires, sont semées sur un fond marbré de brun, de fauve et de vert. Les ailes inférieures ressemblent aux supérieures ; le même œil s'y rencontre, mais dans des proportions moindres, et sans être entouré de cercle orangé.

La seule différence qui existe chez la femelle, consiste en ce qu'elle n'est pas d'un aspect changeant.

Ce papillon se montre vers la mi-juin. Il se trouve principalement dans la profondeur des bois, dans les endroits où le feuillage est le plus intense et l'air le plus humide. Il est très-peu farouche, il suit les bestiaux, longe les rivières dont il rase souvent les eaux. Il n'agite presque jamais les ailes, et se tronve communément en Alsace.

GENRE ARGINNE.

—

ARGINNE PETIT NACRÉ. (*pl.* 6, *fig.* 1.)

Ce papillon a les ailes supérieures jaune foncé, traversées de lignes noires, et semées de taches noires de dessinset de grandeurs différentes. Les secondes ailes sont d'un jaune plus clair, et marquées d'une grande quantité de taches nacrées. Le dessous des premières ailes diffère du dessus par l'extrémité, qui est ferrugineuse avec sept ou huit points nacrés. On voit ce papillon au printems, dans les mois d'août et de septembre.

ARGINNE GRAND NACRÉ. (*pl.* 6, *fig.* 2.)

Le dessus des ailes est d'un fauve très-brillant avec trois bandes noires transversales. La bande antérieure occupe le milieur de la surface et esten zig-zag; la suivante formée de dix points à chaque aile, est courbe aux inférieures; la troisième couvre le bord terminal; elle est dentée à son côté interne, et chargée de deux rangs de lambes fauves, dont les antérieures moins distiuctes, marquent quelquefois aux ailes du devant. Ces mêmes ailes présente en outre, quatre taches noires vers l'origine de leur bord intérieur. Le dessous des premières ailes diffère de celles du dessus, par le bord antérieur et le sommet, qui sont d'une couleur plus claire. Le dessous des secondes ailes est aussi plus tendre, et couvert de taches argentées. On trouve cette espèce dans le mois de juillet.

ARGINNE TABAC D'ESPAGNE. (*Pl.* 6, *fig.*3.)

La couleur de ses ailes qui est identiquement la même que celle du tabac d'Espagne, a fait donner ce nom à cette espèce. Le dessus des ailes est tacheté de pointes noires de formes et de grandeurs diverses. La sommité des premières ailes est un peu glacée de vert en-dessous; le dessus des secondes ailes a quatre bandes argentées, dont la deuxième est divisée par l'empreinte de points noirs, et est totalement glacé de vert. On trouve ce papillon dans le mois de juillet. Toujours sur le bord des eaux, on le voit voltiger sur les joncs en fleurs, et folatrer sur l'herbe des prairies. Une variété femelle bien remarquable est connue sous le nom d'*arginne valaisien*. Le dessus des ailes au lieu d'être fauve, est vert avec des taches blanches en face du sommet des supérieures, et quelquefois aussi vers l'extrémité des ailes inférieures.

GENRE VANESSE.

—

VANESSE BELLE-DAME. *(Pl.* 7, *fig.* 1.)

Cette espèce a les antennes allongées, ne marche que sur quatre pattes, et porte les deux de devant croisées sur la poitrine en guise de palatine; sa chrysalide est nue, angulaire ; la beauté de ses couleurs et l'élégance de ses formes, lui ont fait donner le surnom de Belle-Dame. Le vol de ce papillon est lent, il aime les lieux fréquentés, on le voit le plus souvent sur les chemins, dans les jardins et dans les prairies; il s'éloigne peu du lieu où il est éclos. Il paraît en été, cependant il n'est pas rare de le voir encore dans les premiers jours d'automne. Ses couleurs sont vives et éclatantes. Bien qu'il soit un papillon de jour, il se retire très-tard dans sa demeure, et souvent on le rencontre dans l'obscurité, voltigeant au milieu des phalènes.

VANESSE VULCAIN. (*Pl.* 7, *fig.* 2)

Le Vulcain a le dessus des ailes noires, les supérieures traversées vers le milieu par une bande rouge, et semées vers leur extrémité, de taches blanches; les inférieures sont bordées d'une frange rouge, avec une ligne de petits points noirs, leur extrémité est dentelée. Le dessous des ailes est marbré de diverses couleurs. Ce papillon remarquable par la richesse de sa parure est très-commun. On le rencontre dans l'ancien et le nouveau monde. Il connaît peu le danger; il s'approche sans crainte du chasseur. Il chasse tous les autres papillons, de l'endroit qu'il a choisi pour sa demeure, il combat ses adversaires avec intrépidité. Une singularité qu'il est bon de signaler, c'est que ce papillon est produit par des chenilles très-différentes. Telle est brune avec deux bandes jaunes, interrompues par des taches brunes. et s'étendant le long des pattes, telle est vert pâle avec une bande pareille, une troisième est carmélite clair; une quatrième gris ardoise etc.

VANESSE PAON DU JOUR (*Pl.* 7, *fig.* 3.)

Les deux sexes ne présentent aucune différence. On ne connaît pas non plus de variété de cette espèce. Le dessus des ailes supérieures inégalement denteleés, ainsi que les inférieures à leur extrémité, est d'un fauve rougeâtre, elles sont traversées longitudinalement par un filet noir, qui les coupe en deux parties, ur la partie antérieure on remarque un grand œil rougeâtre au milieu, entouré d'un cercle jaunâtre, bordé à la partie supérieure d'une frange noire amincie,'à la partie inférieure existe une tache noire interrompue par une autre jaunâtre, en forme d'une dent de feston.

Les deux ailes inférieures ont aussi chacune une grande tache en forme d'œil rougeâtre, avec un cercle gris autour et semé de marques bleuâtres. Le dessous des ailes est d'une couleur foncée, tirant sur le noir. Ce papillon qui est partout le même a cela de commun avec le Vulcain, qu'il s'établit le maître absolu du domaine, qu'il a choisi pour ses excursions. Du reste, il ne parcourt qu'une enceinte très-circonscrite, et ne quitte qu'avec regret le lieu qui l'a vu naître. Malheur au papillon qui voudrait partager avec lui l'empire des lieux qu'il habite; il lui livre un combat à mort, et n'abandonne le champ de bataille, qu'après lui avoir arraché la vie. Il habite les forêts, les jardins et les prairies. Il plane presque toujours; le mouvement de ses ailes est mesuré; il semble étudier et calculer sa marche. On dirait à la majesté de son vol, qu'il craint de ternir les riches couleurs dont la nature l'a doté.

VANESSE GRANDE TORTUE. (*Pl.* 8, *fig.* I.)

Ce papillon est d'un fauve foncé, ses ailes échancrées à leur extrémité, sont sillonnées longitudinalement de nervures. Le bord postérieur est noir. Elles offrent deux rangées de lunules bleues, entre lesquelles il y a une double ligne, d'un jaune obscur. Les ailes supérieures ont sous la côte, trois bandes noires, séparées entr'elles et la bordure, par [du jaune-ocre. Les inférieures présentent sur le milieu du bord antérieur, une tache noire environnée de jaune en dehors.

Le vol de ce papillon, qu'on rencontre en juillet sur le saule, l'orme et le chêne, ainsi que sur plusieurs arbres fruitiers, est rapide. On le voit à travers les jardins et sur les promenades ; la présence de l'homme ne l'effraie pas, il s'élève facilement dans l'air, en suivant une ligne presque droite.

VANESSE PETITE TORTUE. (*Pl.* 8, *fig.* 2.)

Cette espèce offre une analogie frappante avec la précédente. La seule différence qui se rencontre, est que ses ailes ne sont point frangées, et que l'extrémité des supérieures, est bordée d'une bande blanche, qui ne se remarque jamais dans la grande tortue. Ce papillon est sédentaire et se trouve depuis le commencement du printems, jusqu'à la fin de l'été.

VANESSE GAMMA. (*Pl.* 8, *fig.* 3.)

Ce papillon qui s'appelle ainsi *gamma*, du nom d'une lettre de l'alphabet grec, a un G très bien marqué, qu'il porte au milieu des ailes inféri ures ; sa couleur est fauve ; plus prononcé chez le mâle que dans la femelle. Les premières ailes sont semées de huit taches noires; les secondes n'en ont que trois qui occupent le milieu de la surface, en tirant vers le bord d'en haut. Elles sont suivies d'une ligne transverse ferrugineuse dans le mâle, et noirâtre dans la femelle.

Ce papillon qu'on trouve en grand nombre, paraît en juillet.

GENRE SATYRE.

—

SATYRE SYLÈNE. (*Pl.*9, *fig.* 1.)

Le corps de ce papillon est grisâtre, les ailes d'un brun noir en-dessus, ont vers le bord postérieur, une bande blanche. Le dessous des supérieures diffère du dessus, en ce que l'œil de la bande a une prunelle d'un blanc bleuâtre, et en ce qu'il a deux taches blanches situées près du milieu du bord d'en-haut, les inférieures d'un brun obscur en-dessous, sont piquées de gris avec deux bandes trans-verses. Cette espèce fréquente les lieux pierreux et bois secs. Elle donne en juillet,

SATYRE ERMITE. (*Pl.* 9, *fig.* 2.)

Cette espèce qui se trouve aux environs de Paris, dans les mois de juillet et d'août, a les ailes d'un brun foncé tirant sur le noir, et à reflet verdâtre; elles sont traversées d'une bande d'un blanc sale, la bande des secondes ailes offre une sorte de renflement vers le milieu ; celle des premières est divisée en six ou sept taches oblongues, dans la quatrième et l'antérieure, portent chacune un œil noir à prunelle d'un blanc bleuâtre. L'extrémité des premières ailes est bordée de blanc ; le dessous de ces mêmes ailes est moins foncé que le dessus, le dessous des inférieures est cendré à la base, avec deux taches noirâtre dans le mâle, signes qui ne se rencontrent pas dans la femelle.

SATYRE ARIANNE. (*Pl.* 9, *fig.* 3.)

Les ailes de ce papillon sont d'un brun obscur, les ailes supérieures sont traversées à leur extremité, par un mince filet noir, au-dessous duquel est situé une bande fauve, chargée à sa partie antérieure de denx yeux noirs, dont l'extérieur très-petit, l'autre assez gros et pourvu de deux orbes blancs, les secondes ailes ont aussi une bande fauve, sur laquelle se dessinent trois à quatre yeux, le dessous des ailes inférieures est généralement plus pâle que le dessus. Le dessus des inférieures est gris clair; il a deux lignes brunes à la suite desquelles vient une rangée courbe de six yeux noirs ayant tous une prunelle blanche, et deux iris jaunâtres qu'entoure un cercle presque noir.

SATYRE DEMI-DEUIL. (*Pl.* 10, *fig.* 1.)

Ce papillon qu on trouve trés communément au mois de juillet, a le dessus des ailes supérieures d'un blanc jaunâtre, avec des taches et bande noire; ces ailes légèrement dentelées à leur extrémité, présentent à leur partie antérieure, quatre taches blanches, sur la plus large desquelles on voit un œil sans prunelle; les secondes ailes sont dépourvues d'yeux, vers leur extrémité, ou bien elles en ont tantôt trois, tantôt cinq, presque imperceptibles. Le dessous des ailes diffère du dessus par la grandeur des taches et par leur forme qui est triangulaire. Le dessous des inférieures est blanc, et sillonné de nervures noires. Il offre aussi cinq petits yeux noirs à prunelle bleuâtre, avec un iris jaunâtre entouré d'atômes noirâtres.

SATYRE PASIPHAE. (*Pl.* 10, *fig.* 2.)

Ce papillon qui donne principalement dans le midi de la France, dans les mois de juillet et d'août; a toutes les ailes de couleur fauve en-dessus et le pourtour d'un brun foncé. Les ailes supérieures ont vers le milieu, une bande

3

couleur orange large dans le mâle, linéaire et plus claire dans la femelle, et pourvue à sa partie antérieure d'un œil noirâtre à double prunelle blanche. Les inférieures offrent à leur bord postérieur, trois ou quatre petits yeux noirs à simple prunelle blanche. Le dessous des premières ailes diffère du dessus, en ce que la base est beaucoup moins foncée, et le bord de derrière entièrement longé par une ligne grise. Les ailes inférieures sont d'un brun noir clair en-dessous, et traversées au-delà du milieu, par une bande d'un jaune paille, suivie d'une rangée de cinq yeux dont les deux extrêmes plus petits.

SATYRE CETO. (*Pl.* 10, *fig.* 3.)

Cette espèce qui se trouve en Suisse est d'un brun noirâtre chatoyant. Les ailes ont en-dessus comme en dessous, vers leur extrémité une rangée de six taches rousses, pourvues chacune d'un petit œil à prunelle blanche.

SATYRE EPISTYGNE. (*Pl.* 10, *fig.* 4.)

Ce papillon qui paraît en mars, dans le nord de l'Italie et dans nos départemens du Var et des Basses-Alpes, a les ailes brunes à reflets violâtres. Les supérieures ont ordinairement vers le milieu, une tache jaunâtre et elles sont à leur extrémité, bordées d'une bande jaune ocre très-pâle, chargée de cinq à six yeux noirs à prunelle blanche. Les inférieures sont aussi terminées, par une bande semblable, mais de couleur fauve foncé, et formée de cinq à six taches oblongues, ayant chacune un petit œil noir à prunelle blanche. Le dessous des ailes supérieures est ferrugineux avec des nervures brunes, les bords grisâtres et la bande du dessus, d'un roux fauve terne. Celui des inférieures est brun avec les nervures blanchâtres, traversé au-delà du milieu, par une bande grisâtre, mêlée de brun et dentée sur son bord interne.

FAMILLE SECONDE.

—

CRÉPUSCULAIRES.

On a réuni collectivement sous le nom de *sphinx*, les lépidoptères qui ne volent que le soir et le matin, pendant le crépuscule ou au demi jour. Ceux-ci n'ont point les ailes relevées comme les précédents, mais disposées obliquement en toît; leurs aigrettes sont renflées au milieu en forme de fuseau, terminées en pointe, leur vol est très rapide et fait entendre une sorte de bourdonnement, leurs antennes sont prismatiques. Les couleurs de leurs ailes pour n'être pas aussi brillantes que dans les *Diurnes*, n'en sont pas moins distribuées de la manière la plus élégantes, et sont aussi vives dessous que dessus. Ils sucent les fleurs sans se poser, à l'aide d'une trompe très-longue. On les nomme sphinx par ce que leurs chenilles, pour l'ordinaire, relèvent la tête de manière à imiter en petit les sphinx Egyptiens, tels qu'ils sont représentés par les peintres, et les sculpteurs. Ces chenilles à corps ras, ont toujours seize pattes, et sont communément armées d'une corne sur la queue. Quand elles doivent se transformer, elles se laissent tomber à terre, se filent une coque mince de soie, et demeurent ensevelies jusqu'au printems suivant : elles passent quelquefois une année en chrysalide ; ces chrysalides ne sont jamais anguleuses. Parmi les *crépusculaires* on distingue, l'*atropos* vulgairement appelé *tête-de-mort*, et les sphinx du laurier-rose.

SPHINX, TÊTE DE MORT. (*pl. 11, fig. 1.*)

Ce papillon, l'un des plus singuliers, et qui porte des caractères uniques, vient de l'espèce la plus grande de nos chenilles. (*pl. 11, fig. 2.*) Lorsque cette chenille a acquis toute sa grandeur naturelle, elle a quatre pouces et demi de longeur : Sa couleur est d'un jaune citron, pointillé de noir sur certains anneaux; on observe sur son dos comme des espèces de chevrons. Cette chenille a cela de singulier, qu'elle porte une corne à l'extrémité postérieure, contournée en sens contraire de celle des autres, cette corne est rougeâtre et toute chargée de petits grains graveleux, qui imitent assez bien une rocaille : on trouve cettle chenille principaement sur le jasmin, quoiqu'elle s'accommode aussi de feuilles de fèves de marais et de celles de choux; c'est dans le mois d'août qu'il faut la chercher. Vers ce tems elle se creuse un trou dans la terre; c'est là, qu'elle se change en chrysalide de laquelle au mois de septembre sort le papillon à tête de mort. Ce papillon est très grand, il a trois pouces de longueur de la tête à la queue, les ailes étendues ont cinq pouces de vol, son corps est extrêmement gros et aplati, ses antennes sont moins longues que le corselet et très épaisses; elles sont noires d'un côté et blanches de l'autre, ses yeux sont gris et la nuit aussi brillants que l'œil du chat, ce qu'on explique en admettant qu'ils ont la propriété d'absorber de la lumière, ou fluide lumineux, et de la rendre ensuite dans l'obscurité. Les ailes supérieures sont gris de fer, couvertes de points et d'ondes noires; les ailes inférieures traversées par deux bandes noires, qui on les mêmes contours que le bord extérieur, sont de couleur jaune feuille morte. Ce jaune divisé par quelques traits noirs, forme sur son corselet une figure qui n'imite pas mal une tête de mort, ce qui lui en a fait

donner le nom, à cette image funèbre peinte
sur son corps, se joint encore une singularité
unique dans ce papillon ; le seul dans lequel
on l'aït observée, il fait entendre un bruit fort
aigu qui approche un peu du cri d'une souris
mais qui a quelque chose de plus plaintif et
de plus lugubre. Réaumur assure, que ce bruit
est occasionné par le frottement de la trompe
qui est courte et écailleuse, contre deux lames
mobiles et très dures, entre lesquelles elle est
logée. D'autres naturalistes prétendent, qu'il
est produit par l'air, s'échappant avec force
de dessous plusieurs petites écailles concaves
placées entre les ailes et le corselet. Quoiqu'il
en soit, ce papillon donne de la trompette,
et répand l'alarme dans les âmes supersti-
tieuses, et pour peu qu'il se montre en plus
grand nombre dans quelques-unes de ces an-
nées malheureuses où règnent des épidémies,
les gens du peuple, en France, en Angleterre,
en Egypte, à la Caroline et même en Chine,

ne manquent pas de le regarder comme un vrai messager de mort et de le poursuivre à outrance ; car il est presque cosmopolite.

Ce sphinx est surtout commun dans les lieux où l'on cultive la pomme de terre, le chanvre, et dans les buissons de jasmins, parce que sa chenille se plaît sur ces plantes. Quelques espèces portent des yeux peints sur les ailes.

SPHINX DU LAURIER ROSE. (*Pl.* 11, *fig.* 3)

Ce papillon qui est vert et rose, comme s'il tenait des teintes du feuillage et de la fleur du bel arbuste qui nourrit sa chenille, se trouve dans le Piémont. Plusieurs chenilles ont été trouvées en 1833, à la Glacière près Paris. Le corselet est d'un vert foncé avec un collier d'un gris lilas et une tâche d'un gris verdâtre, mais plus clair sur les côtés. Le dessus de l'abdomen est vert, les premier et troisième anneaux sont blancs. Le dessus des antennes est blanchâtre, le dessous ferrugineux, la trompe est jaunâtre, les pattes sont grises.

Les ailes présentent à l'origine du bord antérieur une tâche blanchâtre, sur laquelle se trouve un gros point d'un vert olivâtre, viennent au dessous trois lignes blanchâtres, qui à leur partie inférieure se confondent avec une bande rosée. Derrière cette bande est un espace violâtre, appuyé à son extrémité interne sur une ligne blanchâtre en zig-zag. Il existe vis-à-vis du sommet une figure blanchâtre ayant la forme d'un V.

Les secondes ailes sont noirâtres en dessus, en suite verdâtres jusqu'au bord postérieur. Le bord interne est garni de poils grisâtres, et le bord postérieur est liseré de blanc.

Les quatre ailes sont verdâtres en dessous, avec une ligne blanche commençant au sommet des supérieures, et se terminant à l'angle anal des inférieures.

FAMILLE TROISIÈME

—

LES NOCTURNES.

Les papillons nocturnes ne volent que de nuit ou au moins qu'après que le soleil est couché. Leurs ailes sont le plus souvent en toit, leurs aigrettes ou antennes de forme conique allongée, quelquefois dentelées en manière de peignes. Les chenilles de ces lépidoptères ordinairement velues, ont dix à seize pattes, filent une coque de soie, et se transforment en chrysalides, qui ne sont point anguleuses. Il y a quelques mâles sans trompes et quelques femelles sans ailes. Pendant le jour, ils se tiennent immobiles dans les endroits les plus obscurs, et paraissent tellement aveuglés qu'on peut les saisir sans qu'ils cherchent à s'envoler.

D'après la figure des antennes nous diviserons cette famille en deux sections : *les Filicornes* et *Séticornes*. Les papillons nocturnes qui ont des antennes à peu-près d'égale grosseur dans toute leur étendue, enfin, tantôt dentées comme des scies, tantôt grenues comme un chapelet, appartiennent à la section des *filicornes*. Tel est le genre nombreux des *Bombyces*. Les papillons qui ont les antennes déliées comme une soie, appartiennent à la section des *séticornes*. Parmi ces lépidoptères sont les noctuelles, les pyrales, et les phalènes.

GENRE ÉCAILLE.

—

ÉCAILLE HÉBÉ. (*Pl.* 12, *fig.* 1)

Ce papillon a le dessus des premières ailes d'un noir velouté avec cinq bandes blanches, qui se divisent transversalement, la troisième est presque toujours plus étroite, les deux postérieures adhèrent par le milieu. Ces bandes sont bordées de noir.

Les secondes ailes du mâle sont roses en dessus, la femelle les a d'un beau rouge carmin avec une bande transversale, les deux taches postérieures et la frange du bord se terminent en noir. Chez le mâle la bande ne descend pas au delà du disque, tandis qu'elle se prolonge jusqu'à la partie postérieure chez la femelle.

Le dessous des quatre ailes est différent du
du dessus, en ce quil est moins foncé, et en ce
que les bandes supérieures sont teintées de
rouge, principalement vers la base.

Son corps est noir, il a deux colliers rouges
et six bandes transverses également rouges sur
les deux côtés de l'abdomen; il a les antennes
noires et pictées, celles de la femelle ont les
barbes plus courtes.

Cette espèce est nombreuse, elle est variée;
on la trouve en France dans le mois de mai et
de juin.

ÉCAILLE PREMIÈRE. (Pl. 12, fig. 2.)

Le corps de ce papillon est noir, il a une
tache jaunâtre à l'origine de l'épaulette; le
dessus de l'addomen est jaune et d'un rouge
carmin vers son extrémité, avec une série
longitudinale de points noirs.

Le fond des premières ailes sont d'un noir foncé et velouté en dessus, parsemé de huit taches d'un blanc-jaunâtre, d'un ou deux points de sa couleur.

Les ailes inférieures sont d'un jaune foncé en dessus, sur lesquelles se trouvent cinq à sept taches noires.

Le dessous des quatre ailes diffère du dessus, en ce que les bords antérieurs sont cramoisis; les antennes sont noires, picotées chez le mâle et filiformes chez la femelle.

Cette écaille est assez commune; on la trouve au mois de juin dans toute la France, principalement dans les environs de Paris.

ÉCAILLE MARTRE. (*Pl.* 12, *fig.* 5.)

Cette espèce a les ailes d'un brun café en dessus avec des bandes sinueuses et blanches, dont les postérieures se croisent en X, on remarque au milieu de la côte deux taches blanches, transversales, qui se terminnent en pointes.

Les ailes inférieures sont d'un rouge brique en dessus, avec six à sept taches bleues, bordées de noir et légèrement entourées de jaune. Le dessous des quatre ailes est plus pâle que le dessus, les bandes supérieures ont une teinte rougeâtre, principalement vers la base. Les taches des ailes inférieures sont entièrement d'un brun café.

Le corps est brun café avec un collier rouge; l'abdomen est rouge brique, avec une ligne de cinq ou six taches noires sur le dos, et des bandes brunes transversales sur le ventre.

Ses antennes sont blanches avec les barbes brunes. Cette espèce est commune; on la voit pour la première fois en juin, et pour la seconde en août. On la trouve principalement dans tout le nord de l'Europe et aux États-Unis d'Amérique.

GENRE BOMBYX.

—

Tous ces papillons manquent de trompe, ou en ont une si courte qu'ils n'en tirent aucun usage. Ils ne mangent qu'à l'état de chenilles.

BOMBYX, GRAND PAON. (*Pl.* 13, *fig.* 1.)

Le grand paon est un de nos plus beaux papillons. Ses ailes sont d'un gris brun, ayant l'extrémité d'un brun noirâtre et terminée par une large bordure d'un brun jaunâtre ; elles portent chacune un grand œil noir cerclé de blanc, ses yeux sont entourés de deux lignes obliques rougeâtres, dont la postérieure est très anguleuse ; l'antérieure est en forme d'S. La base supérieure des premières ailes, présente un espace noirâtre, un rang transversale de deux ou trois arcs cramoisis et convexes en dehors, dont

4

le supérieur embrasse dans la convexité un groupe d'atômes rosés et contigus à une petite tache noire, disposée longitudinalement sur la côte et près de la naissance de la ligne anguleuse.

Sa chenille qu'on voit ordinairement sur l'orme, le rosier, ou les pommiers, est revêtue d'un uniforme vert avec des boutons bleus ou jaunes, elle se file un gros cocon, à la pointe duquel elle s'est réservé une issue, qu'on ne peut forcer qu'en dedans. Ce papillon paraît en mai.

BOMBYX FEUILLE DE CHENE. (*Pl.* 14, *fig.* 1.)

Cette espèce a reçu ce nom de sa ressemblance avec un paquet de feuilles sèches. Tout concourt à faire prendre cette idée à qui le voit pour la première fois. Ses ailes supérieures, qui couvrent tout le corps, ont des nervures qui, par leur disposition et leur espèce de relief, imitent celles des feuilles ; leur contour est dentelé ; les ailes inférieures, qui débordent les supérieures, sont comme d'autres feuilles qui seraient mêlées confusément. Une espèce de bec qu'il porte au-devant de la tête, formé par deux tiges barbues et appliquées l'une contre l'autre, semble être la queue d'une de ces feuilles.

Sa chenille habite le plus souvent les poiriers, les pommiers, les pêchers et les amandiers. Sa couleur est d'un gris brun, elle est demi-velue ; le dessous de son ventre est couleur feuille morte ; sa tête est bleuâtre. Ce bombyx est assez commun dans le mois de juillet.

BOMBYX FEUILLE DE PEUPLIER. (*Pl.* 14, *fig.* 2.)

Les deux sexes diffèrent peu. La couleur chez le mâle est seulement plus foncée. Ses ailes sont d'un fauve-jaune en dessus. Elles sont bordées d'une large bande gris-violâtre avec trois lignes noires transverses. Le dessous est légèrement teint de violet et d'une couleur moins foncée. Le corselet est divisé longitudinalement par une ligne plus ou moins obscure ; le corps est de la même couleur que les ailes. Ce papillon donne au mois de juin.

BOMBYX TAU. (Pl. 14, fig. 3.)

Cette espèce est d'un jaune-fauve en dessus, plus foncé chez le mâle que chez la femelle. Chacune des quatre ailes est pourvue à son centre d'un œil bleuâtre et prunellisé de blanc ; on remarque une ligne courbe noire qui les traverse vers leur extrémité. Le corps, qui est de la même couleur que les ailes, a sept anneaux. Le dessous des ailes supérieures présente au sommet une tache blanchâtre presqu'en forme d'H.

Le tau paraît dans les mois d'avril et de mai.

BOMBYX BUVEUR. (*Pl.* 15, *fig.* 1.)

Les quatre ailes de ce papillon sont jaune-obscur en dessous. Les supérieures sont traversées d'une igne ferrugineuse descendant obliquement du sommet vers le milieu du bord interne. On remarque vers le milieu de la côte deux taches d'un blanc jaunâtre, dont la supérieure, plus petite, manque quelquefois. Les inférieures sont bordées d'une large bande ferrugineuse qui s'étend tout le long du bord interne et du sommet. Le corps est de la même couleur que les ailes. Le corselet est plus foncé. Les antennes sont d'un brun grisâtre.

Les couleurs de la femelle sont plus pâles : cette espèce se rencontre dans les mois de juin et de juillet.

LE BOMBYX DU MURIER

OU VER A SOIE.

La chenille du ver à soie a seize pattes, six

écailleuses et dix membraneuses. On voit beaucoup de rides derrière sa tête ; il a une petite corne sur le dernier anneau placé à l'autre extrémité et deux réservoirs de soie qui s'unissent dans une seule filière, et dont la couleur approche du blanc sale à mesure qu'il grossit. L'animal subit tantôt trois mues ou changemens de peau, tantôt quatre, qui durent environ trente-six heures. Parvenu à son entier développement, il est long de trente-six à quarante-deux lignes de long ; il prend une couleur claire, transparente, se vide de ses excrémens, s'agite avec inquiétude et cherche un asile commode pour attacher son cocon.

L'éducation du ver à soie réclame des soins particuliers. Il doit être placé dans un local bien aéré où règne une douce chaleur. Vers le mois d'avril, on fait éclore les œufs, qui sont d'un gris foncé, en les exposant sur des tablettes ou des rayons à jour, à une température graduellement élevée de 15 à 22 degrés pendant dix à quatorze jours, tems suffisant pour les faire éclore. Une once d'œufs peut en contenir quarante milles. On choisit les feuilles tendres et fraîches du mûrier blanc pour nourrir les jeunes vers. Les trois dernières mues ont lieu de huit jonrs en huit jours et s'accompagnent d'une faim dévorante qu'on nomme *frèze* ou *briffe*.

La soie, telle que nous la connaissons, est d'abord préparée par le ver du Bombyx dans deux petits vaisseaux situés du côté de la tête, le long du canal alimentaire ou de l'estomac. Ils aboutissent à la filière placée en dessous de la bouche. Ce n'est alors qu'une sorte de vernis encore liquide; mais lorsque l'animal en applique une gouttelette sur un corps solide, ce vernis se tire en un fil qui se sèche à l'air. C'est ce moment que la chenille choisit pour former son cocon. Elle monte ordinairement sur un rameau en arbuste et y fixe d'abord une sorte de bourre appelée *fleuret*, qui est la filo-

selle, puis elle travaille à son cocon : au bout
de cinq à six jours, le fil dont elle le forme a plus
de neuf cents pieds de longueur, quoiqu'il ne
pèse que deux grains d'orge, de sorte qu'une
livre de soie donnerait environ trois millions
cinq cents pieds d'un seul fil, ou près de deux
cents trente lieues d'étendue.

Cependant la chrysalide doit sortir en papillon, et, à cet effet, perce son enveloppe; cette
sortie est évitée avec le plus grand soin, pa
qu'elle romprait nécessairement les fils de soie
avant d'être devidés. On fait périr les chrysalides au moyen de l'eau bouillante ou par la
vapeur du camphre. Les plus belles coques
sont réservées pour obtenir des œufs. Au bout
de quinze jours à trois semaines, il naît des
papillons; les mâles sortent les premiers; ils
sont d'un blanc pâle, quelquefos d'un jaune
de souffre, avec trois lignes brunes sur les ailes
et une tache en croissant. On place ces insectes
ur un tapis ou drap de laine, le mâle à côté

de la femelle, afin qu'ils s'accouplent. Pendant cette union, qui dure de dix à vingt heures, et se fait à plusieurs reprises, le mâle agite incessamment les ailes et meurt immédiatement après. La ponte est de quatre à cinq cents œufs.

L'éducation des vers à soie est sans contredit la plus importante et la plus riche de notre industrie, aussi tout ce qui s'y rattache est-il accueilli avec intérêt. Nous nous empressons donc d'indiquer un moyen trouvé par M. Bérard, professeur de chimie à Montpellier, en 1837, pour préserver cet insecte d'un fléau qui vient souvent détruire les plus belles espérances. Ce fléau est la redoutable maladie connue sous le nom de *muscardine*. Le procédé de M. Bérard est extrêmement simple. La *muscardine* se propage par la poussière ou efflorescence blanchâtre que l'on remarque sur les vers qui succombent à ce fléau. Cette poussière n'est autre chose que la graine d'une sorte de cham-

pignon qui naît, croît et végète dans le ver, et
st cause de sa mort. Voici comment M. Bérard a réussi à détruire le germe de ces graines
et à préserver les vers à soie de la muscardine.
Quelque tems avant de faire éclore ces insectes,
préparez, dit-il, suivant la grandeur des locaux,
deux ou trois hectolitres d'une dissolution
ainsi composée : 1° cent parties d'eau au po ds;
2° cinq parties de sulfate de cuivre, ou vitriol
bleu (mais que l'on ne confonde pas le sulfate
de cuivre avec le sulfate de fer ou vitriol vert,
dont les effets pourraient être dangereux); que
tous les ustensiles dont on doit se servir dans
les ménageries de ver à soie soient imbibés de
cette dissolution, dont il aura soin aussi de
peindre toutes les parois, même le sol et le
plafond.

Procédé pour désinfecter la graine (ou œufs).

Il faut mettre dans une bouteille ordinaire
une semblable dissolution de cuivre, y ajouter

deux petits verres d'eau-de-vie, et y verser la graine ou œufs qu'on agite cinq ou six fois pendant une demi-journée. On jette le tout sur un linge fin pour séparer la graine qu'on aura soin d'exposer à l'air afin de la faire sécher, puis la faire éclore. Comme les sporales ou graines de Muscardines sont fort légères et qu'elles surnagent, tandis que les œufs du ver à soie se précipitent au fond de la bouteille, quelques personnes sont d'avis qu'avant de jeter sur le filtre la graine des vers, il est préférable de verser ou de décanter tout le liquide.

Le ver à soie est originaire de l'Inde. C'est sous Justinien seulement que deux moines apportèrent des Indes ou de la Perse des œufs de vers-à-soie qui furent soignés par l'impératrice et les dames de la cour. Ce fut en 1494, à la conquête de Naples par Charles VIII, qu'on apporta des vers-à-soie et des mûriers en France. Ce fut Henri II qui porta aux noces de son fils

les premiers bas de soie qu'on ait fabriqués
dans son royaume.

—

GENRE NOCTUELLE.

Les *noctuelles* et les *pyrales* se distinguent par
la forme de leurs ailes qui, à l'état de repos,
sont inclinées en manière de toit. A l'entrée de
la nuit ces papillons s'envolent, se cherchent
pour s'accoupler. La plupart subissent leurs
métamorphoses dans la terre.

NOCTUELLE DU FRÈNE. (*Pl.* 15, *fig.* 2 .)

Les premières ailes sont d'un gris cendré en
dessus. Elles sont sillonnées horizontalement de
lignes dentées dont celle du milieu est bordée
de jaune. Les inférieures sont noires en dessus,
éclaircies à leur base et traversées dans le mi-

lieu par une large bande de bleu clair. Leur extrémité est bordée de gris. Le sommet des quatre ailes est denté.

Le corps a sept anneaux marqués de noir avec une tache jaune près du corselet, qui, tout gris, porte un double collier et a le pourtour des épaules noirâtre.

Ce papillon donne au mois d'août.

LA NOCTUELLE MARIÉE. (*Pl.* 15, *fig.* 3.)

La mariée a les ailes d'un gris-cendre en dessus, sillonées de lignes transverses.

Les ailes inférieures sont d'un beau rouge, traversées par deux bandes noires.

Le dessous des premières ailes est d'un noir chatoyant, avec trois lignes blanches.

Le dessous des secondes ailes présente du blanc vert la côte surtout entre les deux bandes noires.

Les antennes sont grises, le corps cendré en dessus, blanchâtre en dessous.

On voit ce papillon au mois de juin.

LES PHALÈNES.

Les phalènes portent dans le repos les ailes étendues ou horizontales ; leurs couleurs sont généralement sombres et grisâtres, la plupart proviennent des chenilles rases, dont l'allure est fort singulière ; elles ont les pattes disposées aux extrémités du corps, de telle manière, que l'insecte ne peut marcher qu'en rapprochant considérablement la queue de la tête ; en sorte, qu'il semble mesurer l'espace qu'il parcourt. Aussi a-t-on nommé ces chenilles arpenteuses ou géomètres.

LES TEIGNES.

On reconnaît les *teignes* à leurs ailes roulées autour du corps, et à une sorte de toupet formé au devant de leur tête. Il y en a de plusieurs espèces. La *teigne de la cire*, qui survenue dans les ruches, tapisse de soie l'intérieur de sa galerie et la recrépit de soie en dehors, pour éviter les coups d'aiguillon des abeilles : la *Mineuse* qui, de forme plate se glisse entre les deux lames d'une feuille d'arbre, s'y fraie des routes étroites en rongeant son tissu et s'y tient en sureté; mais la plus pernicieuse de toutes est la *teigne des grains*, qui saccage les greniers de même que le charançon. C'est un petit papillon moucheté de noir et de blanc, dont la tête est toute blanche.

A côté des teignes on place les *alucites* et les *ptérophores*, *porte-plumes* ou *fissipennes*. Ceux-là se distinguent à leurs antennes excessivement alongées et à leurs ailes brillantes; ceux-ci portent des ailes découpées comme des plumes, (d'où leur nom).

Leurs chrysalides sont velues, ordinairement suspendues au bout d'un fil.

—

CHASSE AUX PAPILLONS.

C'est au printems quand la nature entière se réveille, que les prairies se tapissent de fleurs, que les luzerue et les trèfles répandent leurs suaves émanations, que l'on voit paraître ces élégans diurnes, qui viennent mêler leurs couleurs chatoyantes à celles diaprées des fleurs. C'est alors que l'amateur doit commencer ses excursions dans les campagnes, sur la lisière et sous les ombrages des bois, pour les continuer jusqu'aux premières gelées d'automne, car chaque mois, chaque quinzaine de l'année voit éclore les espèces qui lui sont propres, et qui ne paraissent ni plus tôt ni plus tard. Le chasseur doit se munir des instrumens nécessaires à ces expéditions. Ces instrument consistent : 1° En filets pour s'en emparer; 2° En boîtes de différentes formes et différentes grandeurs; 3° En pelotes d'épingles pour les piquer dans le fond de ces boîtes.

Les filets dont il est utile de se munir sont faits ainsi :

1° *Filet* ou *chape à papilon*, appelé aussi Echiquier. C'est une poche de gaz montée sur un cercle en fil de laiton de neuf pouces à un pied de diamètre, fixée au bout d'un manche léger et long de trois ou quatre pieds. (*Pl.* 16, *fig.* 1).

2° *Pince à filet en poche.* Ce filet est aussi en gaze très fine, mais qui est fixée sur une pince longue de trois ou quatre pieds, et qui offre sur le précédent cet avantage, qu'une fois le papillon entré dedans il ne peut plus en sortir.

3° Il est une autre genre de filet. C'est au

pince à raquettes. Ce sont deux espèces de raquettes dont les manches très-longs sont troués comme aux deux précédents, et fixés par un petit clou, de manière, à ce qu'on puisse les rapprocher face à face comme on ferait de deux manches d'une paire de ciseaux. On s'en sert pour prendre les papilons au repos.

Les boîtes dont on se sert, doivent être garnies au fond de liége, afin qu'on y puisse plus facilement piquer les papillons dont on a percé le corselet avec des épingle. Il faut enfin être muni de trois pinces qui sont figurées. (*Pl.* 16, *fig.* 2 et 3)

Certaines espèces de papillons ne sortent qu'à différentes heures de la journée. Il en est qui commencent leurs courses vagabondes dès l'aube du jour, d'autres qui ne se montrent que sur les deux heures; d'autres qui ne prennent leurs ébats que quand le soleil est dans son plein. C'est auprès des peupliers qu'il faut

aller chercher les mars changeans, et jamais
ailleurs il en est de même de la plupart des
espèces, qui ne quittent jamais le lieu où ils
on vu pour la première fois la lumière du
our.

Quand le chasseur poursuit le papillon, il
faut qu'il s'arrange de manière à ce que
l'ombre que projette son corps et son filet
soit toujours derrière lui; autrement elle effa-
roucherait le papillon, qui souvent séloigne-
rait pour ne plus revenir, nous ne parlons
que des papillons de jour.

Quant aux crépusculaires et aux nocturnes,
il serait très difficile de s'en emparer si l'on
suivait la même méthode. C'est dans les lieux
ombragées, ou même obscurs qu'on les doit
aller chercher. On les trouve ordinairement
appliqués contre les murailles, les rochers et
les vieilles écorces; ils sont dans une immo-
bilité parfaite, ce qui donne la plus grande
facilité pour s'en saisir. On les couvre d'abord

avec le filet pour rendre toute fuite impossible, on les pique en suite.

Le sphinx et quelques autres crépusculaires viennent à la nuit tombante voltiger dans les jardins autour des fleurs d'onagre, des belles de nuit etc. Il faut alors s'embusquer et les saisir rapidement avec le filet ; si l'on veut prendre des phalènes pendant le jour, il faut avec un bâton battre les feillages des buissons et des haies les plus épaisses où elles se tiennent cachées, prêt à les saisir, quand elles s'en échapperont avec le filet.

La nuit il est facile de s'en emparer. On place un falot ou une lanterne dans les lieux bas et découverts, on en recouvre la flamme avec un entonnoir en verre, et l'on voit aussitôt une quantité innombrable de phalènes voltiger autour de la lumière qui les attire.

On peut encore au milieu d'un berceau de verdure déposer une veilleuse allumée dans un verre, dont la lumière est protégée par un entonnoir de verre, et le lendmain le feuillage, le tronc des arbres, le sol même sont couverts de papillons que la flamme y a attirés pendant la nuit.

Dès que le papillon est pris dans le filet, il faut le tuer sur le champ pour empêcher qu'il ne se brise les ailes en se débattant, ou qu'il ne se décolore. Pour cela on prend la poche par le milieu avec la main gauche, tandis qu'avec la main droite on force doucement l'animal à gagner le fond, avec le pouce et l'index on saisit son corselet dessous les ailes, en rapprochant l'une de l'autre sous les ailes, et on presse avec la précaution de ne pas l'endommager jusqu'à ce qu'il soit mort. « Pour cette opération il est bon de se servir de la pince en fer, dont nous avons parlé. » Lorsqu'il ne fait plus aucun mouvement, on le fait tomber dans la main gauche en renversant le filet de la main droite, et avec une épingle proportionnée à son volume on l'enfile au travers du corselet entre la tête et le corps, et on le pique sur le liège de la boîte.

» Quelques espèces ont la vie très dure, et cette précaution n'est pas suffisante pour les en priver sur le champ. » On emploie une autre moyen qui consiste à leur passer une épingle au travers de la poitrine au dessous de l'insertion des ailes, afin, de maintenir celles-ci en position, de les empêche r de se gâter en battant continuellement sur le liège de la boîte.

Pour les tuer rapidement et sans les endommager, voici un procédé indiqué par John Coakley Lettsom » Il faudra les attacher sur un » bouchon de liège du côté qui doit faire face » au fond d'un bocal de verre, dont il bou » chera bien exactement l'orfice; mettre dans » le bocal un peu de soufre et l'échauffer par deg rés jusqu'à ce que la vapeur s'exhale. » Dans ce moment l'insecte perdra la vie sans » que la beauté de ses couleurs soit endom » magée. »

CALENDRIER DU CHASSEUR DE CHENILLES.

Si l'on veut être certain d'avoir des papillons d'une grande fraîcheur, il faut élever soi-même des chenilles, et pour s'en procurer on va les chercher sur les végétaux dont elles se nourrissent.

Les premières explorations ont lieu au mois d'avril.

A cette époque, le chasseur fera une battue dans les mille-feuilles, les orties, les plantains ; il y trouvera des écailles et des callimorphes.

Au milieu de mai, et même en juin, il fouillera le genêt à balais, il y trouvera l'écaille pourprée, le grand et le petit minime, l'agathe, et la chenille lichnée du chêne, du peuplier, du saule, et beaucoup d'autres espèces qui abondent sur ces arbres, ce qui, plus tard, produira des sujets du genre nymphale, le grand et le petit bombice, le mars, le morio, etc., sur l'épine, le chêne, la ronce, la chenille bombice du petit paon; sur le peuplier blanc et sur le frêne, la lichnée bleue.

En juillet, les sphinx ou tête de mort, qui donnent les crépusculaires, se trouvent sur la pomme de terre et la moreille; le laurier thym et le lilas plaisent au sphinx du troène, dans les feuillages du pied-d'alouette et du chèvrefeuille, des haricots, du lizeron, du caille-lait jaune, du tilleul, de la vigne, on trouve le sphinx à cornes de bœuf, le sphinx, le livournien et la noctuelle incarnat.

Août. Le chasseur qui aurait trop tardé à se mettre en campagne pour se procurer des chenilles, trouvera, vers la fin de ce mois, sous les parties saillantes des murs, les cocons du bombice grand paon, aux pieds des peupliers et des tilleuls, les cocons de smerinthes du peuplier et du tilleul, et dans les creux des vieux saules, les cocons du sphinx demi-paon.

Septembre. Ce mois offre en abondance les chenilles des nocturnes, surtout celles qui paraissent deux fois l'an, telles que la petite queue fourchue, le bois veiné, la porcelaine, les hausse-queues, les noctuelles volant doré et volant argenté ; les premières sur le peuplier et sur le saule, les deux dernières sur l'ortie et sur la fétuque des prés (chiendent flottant).

Pour se procurer des hespéries et des pyrales, on fouille les feuilles roulées ; sous les pierres et dans les cavités des écorces on trouve des chenilles de noctuelles et de phalènes. Les arbres, les buissons recèlent des milliers de chenilles qui échappent à la vue la plus perçante, alors on étend au-dessous des arbres, à l'entour des buissons, un grand linge ou son parapluie renversé, puis l'on frappe les branches avec un bâton.

Le chasseur doit se munir d'une poche en

toile claire et de forme pareille à la poche en gaze qui sert à la chasse des papillons. Cette poche sert à faucher de droite à gauche dans l'herbe et les fleurs, afin d'avoir des polyommates, des satyres et des zygènes.

Il faut autant que possible ne pas laisser ensemble des chenilles d'espèces différentes, dans la crainte qu'elles ne se dévorent. Le chasseur doit donc par prudence avoir une boîte dont l'intérieur sera divisé en compartimens et aérée aux extrémités.

Logement à donner aux chenilles.

Pour celles qui filent leurs cocons en terre, on les met dans un pot à fleurs rempli jusqu'à moitié de terre de bruyère et couvert d'une gaze retenue au tour avec une ficelle; pour les bombices, on a des boîtes dont le couvercle a autant de hauteur que de profondeur; le dessus ou une partie doit présenter une ouverture formée avec de la gaze pour laisser pénétrer l'air. Pour les chenilles des diurnes, des cornets de papier ouverts, mais enfermés dans des boîtes avec quelques feuilles fraîches. A dix ou douze jours de là, la chenille est devenue chrysalide, alors on coupe les cornets par le bas, afin que le papillon n'éprouve point d'obstacle à sa sortie, si elle devait s'effectuer par là.

Il ne faut pas déranger ni toucher les chrysalides avant qu'elles ne soient bien raffermies, et avoir soin de les tenir dans des endroits ni trop secs ni trop humides. Celles qui changent de couleur ou qui deviennent légères après leur formation, ne valent souvent rien.

A la manière de se suspendre des chrysalides, le praticien reconnaît si elle renferme un diurne (hexapode), c'est-à-dire marchant sur ses six pattes, ou bien un tétrapode, c'est-à-dire marchant sur quatre pattes, et portant les deux autres croisées sur la poitrine.

Les hexapodes s'attachent par le milieu du

corps ou par la queue aux parois latérales de la boîte ou du cornet, de manière qu'ils ont la tête placée dans une position horizontale.

Les tétrapodes se suspendent au couvercle de la boîte la tête en bas. Dans cette position, il faut éviter de les toucher avant qu'elles ne soient bien raffermies.

On élève les chenilles avec le plus grand soin en les nourrissant du feuillage des plantes sur lesquelles on les a trouvées ; on renouvelle cette nourriture tous les jours de feuilles fraîches ; on peut en faire une provision que l'on renferme dans un vase sec et bien fermé ; il faut aussi les entretenir dans un bon état de propreté en nétoyant leurs boîtes. Il faut éviter de leur donner à manger des feuilles dont les branches auraient le pied trempé dans l'eau, nourriture qui leur donnerait des maladies dont elles mourraient.

PRÉPARATION DES PAPILLONS ET DES CHENILLES.

MOYENS PROPRES A LES CONSERVER.

On est dans l'usage d'étaler les papillons, afin de leur faire conserver la forme qu'ils ont en volant, si cet insecte est mort depuis quelque tems, il arrive qu'il dessèche dans une mauvaise attitude, il faut alors le rammolir, pour cela on a dans un vase de la filasse ou du sable mouillé, on le pique dessus sans cependant qu'il y touche, et l'on recouvre le tout d'une cloche de verre pour empêcher la circulation de l'air. Au bout de 24 heures ils sont ordinairement bons à étendre. Voici la méthode employée par M. Boitard : On a une planchette de liège fin, dans laquelle on a creusé une rainure assez large et profonde pour recevoir le corps d'un papillon. On pique le papillon dans cette rainure avec le soin d'y enfoncer son corps jusqu'à la hauteur des ailes. On abaisse celle-ci horizontalement jusque sur la surface du liège, et on les y maintient au moyen d'une petite bande de carte à jouer qu'on applique dessus, et qu'on fixe à ses deux extrémités avec des épingles. Lorsque l'animal est parfaitement desséché on enlève les cartes, on le sort de dessus le liège, et après lui avoir placé un peu de savon arsénical entre les pattes et même dessous l'abdomen, s'il l'a gros on le pique dans la collection, les antennes demandent à être traitées avec beaucoup de soins pour ne pas se rompre, surtout quand l'insecte est sec; si elle ne prenaient pas naturellment une bon position, on les y forcerait avec des épingles. Si l'on voulait préparer l'animal avec la trompe étendue, on la déroulerait et la maintiendrait aussi avec des épin-

gles. Enfin, lorsque l'on possédera deux individus de la même espèce, il sera très bien
d'en placer un sur le ventre, pour montrer le
dessus des ailes l'autres sur le dos pour en
montrer le dessous. Les papillons se piquent
tous sur le corselet.

Quelques femelles de papillons, surtout
dans la classe des crépusculaires et des nocturnes ont le ventre très gros, plein d'œufs ou
de liqueurs. Ces espèces ont l'air de se dessé-
cher comme les autres, mais peu de tems
après les avoir placées dans la collection, le
ventre fermente et bientôt tombe en pourri-
tnre. On prévient cet accident, en fendant l'abdomen par dessous avec la pointe fine d'un
scalpel, en enlevant les œufs et en faisant cou-
ler dans la fente avec la pointe d'un pinceau,
une ou deux gouttes d'escence de thérébentine,
mais il faut avoir soin que cette essence ne se
répande pas sur les parties extérieures, car elle
tacherait les écailles ou les poils.

Si l'on aperçoit de la poussière sous un papillon, c'est un indice qu'il est attaqué, il faut alors l'exposer soit au soleil, soit à la chaleur d'un poêle, pour en faire sortir la larve ou l'insecte.

—

CONSERVATION DES CHENILLES.

1re Méthode. On prend la chenille que l'on veut préparer, on pratique avec un scalpel une mince ouverture à l'extrémité inférieure de l'abdomen, on presse le corps dans toute sa longueur et l'on fait aisément sortir les viscères et les intestins. A l'aide d'une très petite seringue on lui injecte dans le corps un mélange de cire colorée, fondue avec de la térébenthine, ou bien au lieu d'injecter, on met un peu d'arsénic et d'alun calciné dans du coton haché très menu, et l'on en remplit le corps de la chenille.

2 Méthode. On prend :

Esprit de vin	12 onces
Eau distllée	1 livre.
Sublimé corrosif	2 gros.
Alun calciné	3 onces.

On jette dedans les chenilles qu'on fait macérer pendant vingt-quatre heures, on les place ensuite dans des tubes de verre d'un diamètre plus large d'un tiers que l'épaisseur du corps des insects. On remplit le tube de la même liqueur à laquelle on ajoute un tiers d'eau, et l'on fait souder hermétiquement les tubes.

3° Méthode et la plus usitée. Voici comment M. Dupont enseigne la manière d'opérer :

» On prend un vase de tôle en forme d'en» tonnoir; on place ce vase dans de la cendre
» bien chaude, de manière à ce que le sommet
» de cet espèce de cône se trouve en bas et son
» ouverture en haut. Lorsqu'il est suffisamment
» échauffé, on vide la chenille, on introduit
» dans l'ouverture qu'on a faite, le bout d'un

5

» tube de verre ou d'un chalumeau de très pe-
» tit diamètre, on maintient le tube dans la
» peau en faisant un nœud avec un fil; ensuite
» on souffle par l'autre ouverture du tube,
» juqu'à ce que la peau soit remplie d'air; en
» même tems on introduit la chenille dans l'inté-
» rieur du vase de tôle et on l'y tient plongée
» en roulant le tube entre les doigts, et en con-
» tinuant de souffler. La chaleur dégagée par les
» bords du vase, enlève bientôt toute l'humidité
» de la peau. Lorsqu'on s'aperçoit que la ch-
» nille est assez desséchée pour que la peau
» conserve la forme qu'on lui a donnée en
» la soufflant, on retire le tube du corps et
» la chenille est préparé. On la place dans une
» boîte ou un carton au moyen d'un peu de
» gomme; on la colle sur un morceau de liége,

MANIÈRE DE FIXER SUR LE PAPIER,

Le duvet des ailes des papillons et d'en faire des collections en cahiers.

—

Cet ingénieux procédé a du naturellement trouver place ici ; il offre aux amateurs des papillons le moyen d'avoir en portefeuille une collection portative et inaltérable.

Soit qu'on désire faire une collection en cahiers ou sur feuilles détachées propres à être encadrées, on commence par esquisser très fidèlement à la mine de plomb le corps du papillon sur du fort velin ou sur du papier de Hollande, qui sont les meilleurs pour cet usage, si l'on a à sa disposition une presse on fera bien de les satiner.

Après s'être bien rendu compte de la place

que doivent occuper les ailes, afin de les poser convenablement sur le papier, on étend sur toute cette place avec un pinceau une eau de gomme arabique la plus blanche et la plus pure possible, dans laquelle on a fait fondre un peu du sucre clarifié; si cette préparation ne collait pas assez, il faudrait y mettre un peu plns de gomme ou y ajouter un peu de colle de poisson la plus blanche possible que l'on ferait dissoudre. Cette opération terminée, on détache tout près du corps, à l'aide de ciseaux et de petites pinces dont se servent les fleuristes, les ailes du papillon, on couche avec précaution les ailes supérieures et inférieures, selon la position qu'on a voulu leur donner.

Si l'on ne veut obtenir que les écailles qui parent le *dessus* du papillon, il faut coller les ailes supérieures d'abord, puis les inférieures, alors on recouvre le tout d'une feuille de papiér fin, sur laquelle on en met deux à trois plus épaisses, puis l'on serre sous une presse; faute d'une presse où charge d'un poids de douze à quinze livres; cette charge doit rester en place dix à douze heures, temps nécessaire pour que les écailles s'attachent au papier.

Si l'on ne veut obtenir que les écailles qui parent le *dessous*, on colle d'abord les ailes inférieures après les supérieures sur la partie du papier qui a été couverte d'eau gommée, puis on presse comme il est dit plus haut.

Si l'on veut obtenir les écailles du dessus et du dessous, on prépare une seconde feuille de papier semblable à la première, on l'applique avec beaucoup de soin sur le papillon qui ainsi se trouve entre deux feuilles enduites d'encollage; la pression est donnée comme nous venons de le dire, cette double et dernière opération est plus sujette à manquer que les autres et réclame plus d'habileté.

La pression donnée, on enlève avec la pointe d'une aiguille ou d'un canif l'aile qui est alors nue, et ne se compose plus que d'une gaze transparente et sans couleur, ensuite on la saisit délicatement avec la petite pince, si l'opération est bien faite, les écailles colorées des ailes restent fixées au papier et forment une peinture naturelle, qui offrt le même éclat que le papillon vivant; s'il s'y trouve quelques défauts on les fait disparaître avec de la couleur fine, appliquée au petit pinceau.

Les papillons destinés à ce genre de préparation doivent être frais et sans défaut, car la partie des ailes qui manquerait de poussière, laisserait une tache blanche en laissant voir le papier. Avec du goût on pourrait à l'aide d'un pinceau très fin et de la couleur à la gouache racorder, mais sans pouvoir jamais cependant atteindre le fini de la nature. Il y a des praticiens qui n'opèrent que quinze à vingt jours après la mort du papillon dans la crainte que la pression ne fasse répandre sur le papier la liqueur contenue dans les ailes, dans ce cas

On ramolit les sujets en les piquant sur de la filasse mouillée, dans un vase exactement fermé où on les laisse environ vingt-quatre heures

On doit toujours employer une pression régulière pour enlever la parure des ailes, mais il faut surtout éviter la méthode employée par quelques personnes, qui consiste à frotter avec l'ongle ou un polissoir, une telle opération a pour résultat d'écraser les écailles en les faisant évaser les unes sur les autres.

Si l'on réunit les insectes ainsi préparés en album, on doit avoir soin de mettre un morceau de papier serpente entre chaque feuille, comme cela se pratique pour les beaux dessins.

Après ces diverses opérations il ne reste plus que le corselet, le cou, la tête et les antennes à peindre, car ces cornes si déliées, chez les uns, tournées en spirales chez les autres, droites ou panachées à leur extrémité, caractérisent l'individu et le placent dans la classe à laquelle il appartient.

La manière de peindre le corps est d'autant plus facile, qu'on n'a plus qu'à copier, ayant le corps sous les yeux; pour cela on emploie la couleur à l'aquarelle, qu'on applique sur l'esquisse précédemment faite; une des difficultés lorsque l'on veut peindre le dessous du corps, c'est de copier les pattes, qui, contractées par la mort, sont venues se grouper sous le ventre et deviennent par là difficiles à saisir; on prévient cet inconvénient en les séparant avec des épingles·

Cette méthode d'impression a pour résultat de présenter les écailles retournées, qui, chez la plus part des individus sont tout à fait semblables; chez un petit nombre d'autres cependant, tels que quelques papillons de jour, et quelques phalènes, les couleurs sont plus pâles et même quelquefois changées.

TABLE DES MATIÈRES.

FIN DE LA TABLE.

AVIS DE L'ÉDITEUR.

—

Ce petit traité n'est pour ainsi dire que le premier volume de la série d'ouvrages que nous nous proposons de publier sur l'histoire naturelle.

Plusieurs naturalistes distingués sont en ce moment à l'œuvre, et bientôt nous serons en mesure de faire paraître un nouveau volume contenant l'histoire naturelle des oiseaux, dans laquelle seront décrites avec la plus scrupuleuse exactitude, leurs mœurs et leurs habitudes, et la manière de les dresser à toutes sortes d'exercices et où seront indiqués les moyens de les éloigner, de les attirer, de les rendre et de les élever, en un mot d'en tirer tout le parti possible.

C'est ainsi que nous passerons en revue toutes les classes d'animaux qui présentent quelque intérêt ; le prix de cette petite encyclopédie bien qu'ornée de belles gravures, sera très modéré.

CONTRE APPLICATION.

—

On vient de trouver le moyen après de longs essais , de fixer sur le papier toutes les espèces de papillons et de les avoir aussi belles que nature. Ce moyen consiste à obtenir la contre application de la poussière des ailes fixée solidement. Cette poussière n'est collée qu'en dessous, ce qui est avantageux pour obtenir les couleurs très exactes, veloutées changeantes. Ce procédé donne aussi les nervures des ailes en dessous , (on peut également par le même moyen, obtenir les ailes des libellules bien exactes en les coloriant après). Les corps doivent être peints à la gouache et lorsqu'ils sont bienfaits, ils se confondent parfaitement avec la poussière de ailes : on pourra donc posséder une collection de lépidoptères en portefeuille bien durable, ne craignant ni les mites, ni les inconvénients du jour qui altère les couleurs, ni la chaleur, ni l'humidité, ni toutes les autres causes si nombreuses de destruction. Les plus petites espèces sont reproduites avec une exactitude admirable ; les phaènes, les noctuelles, les teignes peuvent être, lorsqu'elles ne sont pas fraîches, réparées de manièreà faire croire qu'elles sortent de leur chrysalide, parcequ'elles ont des dessins variés. Les papillons les plus difficiles à réparer, sont les morios, les paons de jour, les argus bleus, les silvains qui ont besoin d'être frais, toute peinture produisant tache à côté du velouté admirable et uni de leur ailes.

On peut voir rue Christine, n° 8, chez l'éditeur Charles à Paris, ces magnifiques papillons. Des échantillons seront adressés dans les provinces aux personnes qui en feraient la demande *franco;* la valeur de ces échantillons est de 10 fr.. qui seront remis en les rendant.

Collection du petit manuel des arts,

—

CONSERVATION DES ANIMAUX, sans les mutiler. Procédé mis à la portée de tout le monde, par M. GANNAL Ce manuel ne peut qu'être favorablement accueilli, car il indique les moyens simples et sans frais d'orner les appartements de beaux animaux, de conserver après leur mort et dans leur état naturel, ceux pour lesquels on a de l'attachement, In-12. 75 c.

LA PUNCTOGRAPHIE, Méthode pour faire dans une seule séance de quatre heures, même sans connaître le dessin . 25 beaux portraits ou paysages, oiseaux, fleurs. etc., *suivi de la manière de graver sur bois et de donner au fer l'apparence de l'argent;* in-12 avec portrait. 1 fr.

PEINTURE LITHOCHROMIQUE, ou imitation sur toile, et l'art de donner aux objets dessinés au crayon, à l'estompe, aux lithographies gravures, etc., l'apparence d'une jolie peinture à l'huile; suivi des procédés pour peindre et déclaquer sur le bois et les écrans, et d'obtenir avec un petit nombre de couleurs, toutes espèces de nuances, sans qu'il soit nécessaire de connaître le dessin. 4' édition, in-12. 75 c.

PEINTURE ORIENTALE et peinture sur verre, ou l'art de peindre sur papier, mousseline, velours, verre, bois, etc., des fleurs, fruits, papillons, oiseaux; le portrait, le paysage, etc., sans le secours d'un maître, ni connaissance du dessin. 2e édition, in-12. 75 s.

L'ART DE PEINDRE SANS MAITRE les fleurs à l'aquarelle, et de colorier les gravures, par M. E. Huard, de l'île Bourbon. in-12. 75 c.

L'ART DE PEINDRE et de composer des collections inaltérables de papillons, avec une nouvelle méthode pour faire des fleurs artificielles. in-12. 75 c.

PEINTURE SUR PORCELAINE d'après les procédés de la manufacture de Sèvres.

PEINTURE EN CHEVEUX, Procédés pour graver sur acier et dessiner sans maître, in-8. 75 c.

TRAITÉ DE LA TOILETTE à l'usage des dames, joli petit volume doré sur tranche, orné de vignettes. 75 c.

EPHEMERIDES révolutionnaires avec double concordance, rapportant très détaillés jour par jour tous les faits importants, contenant en outre deux tables générales. 1 vol. 1 fr. 50 c. par la poste . 2 fr. 25.

HISTOIRE des enfants trouvés et des moyens à employer pour en diminuer le nombre. In-8. 1 fr.

LE LIVRE DES EXPOSANTS DE 1839 et des récompenses accordées contenant : 1° la liste des membres du jury; 2° le détail de tous les produits exposés; 3° les noms et adresses des exposants; 4° la liste des récompenses décernés par le jury. 1 vol. 3 fr., par la poste. 4 fr.

L'ABEILLE, recueil consacré à l'enfance et à la jeunesse, par an, pour Paris 4 fr., pour les départements. 5 fr.

Le prix de chaque manuel (il en paraît un par mois) est fixé à 75 centimes au moins.

Les personnes qui souscriront pour 12, ne les paieront que 7 fr. 50 c., et les recevront franco.

Chaque manuel contiendra au moins deux procédés, soit pour peindre ou dessiner, soit pour faire fructifier le talent des artistes, ou utiliser agréablement le temps et les loisirs des gens du monde, et leur enseignant l'a.

xécution et la pratique d'un grand nombre d'inventions nouvelles ou peu connues.

Les 8 planches de papillons composant une feuille sans l'ouvrage. Prix de la feuille en noir 75 c, en couleur   1 fr. 50 c,

Id. les deux feuilles, id. 1 fr. 50 c. id.   3 fr.

Ces feuilles encadrées sont fort jolies et ornent très bien un appartement, les deux feuilles font un beau pendant.

Paris. — Impr. de Cosson, rue Saint-Germain-des-Prés, 9.

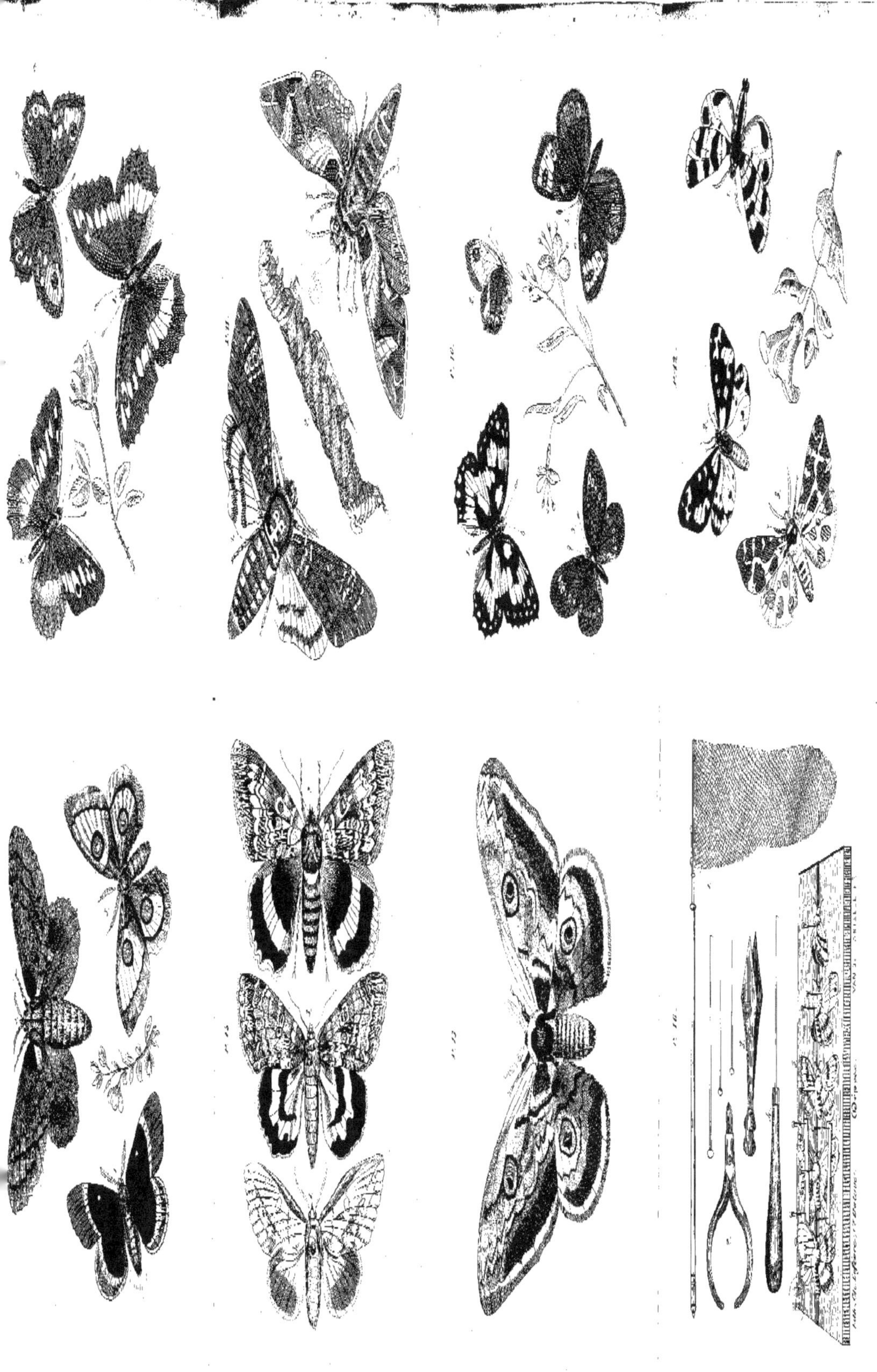

www.ingramcontent.com/pod-product-compliance
Lightning Source LLC
LaVergne TN
LVHW021724170726
843503LV00004B/1401